夏之虫，夏之花

[日]奥本大三郎 著 [日]高桥清 绘 张小蜂 译

浪花朵朵

海峡出版发行集团 | 海峡书局
THE STRAITS PUBLISHING & DISTRIBUTING GROUP

黄足蚁蛉

日本草蜥

卡氏地蛛的巢

日本弓背蚁

黄足蚁蛉
幼虫（蚁狮）的巢

球鼠妇

黑纹粉蝶

斑地锦

夏天，草木繁茂，虫子们也精力充沛，特别活跃。大家一起到户外去找虫子吧！看看石头下，找找落叶间，这些地方都可能藏着虫子。

耶屁步甲

怠步甲

后斑青步甲

蛞蝓

蠼螋

同型巴蜗牛

蚯蚓的粪便

青步甲

胖枝带马陆

多棘蜈蚣

蛞蝓

大蛞蝓

2

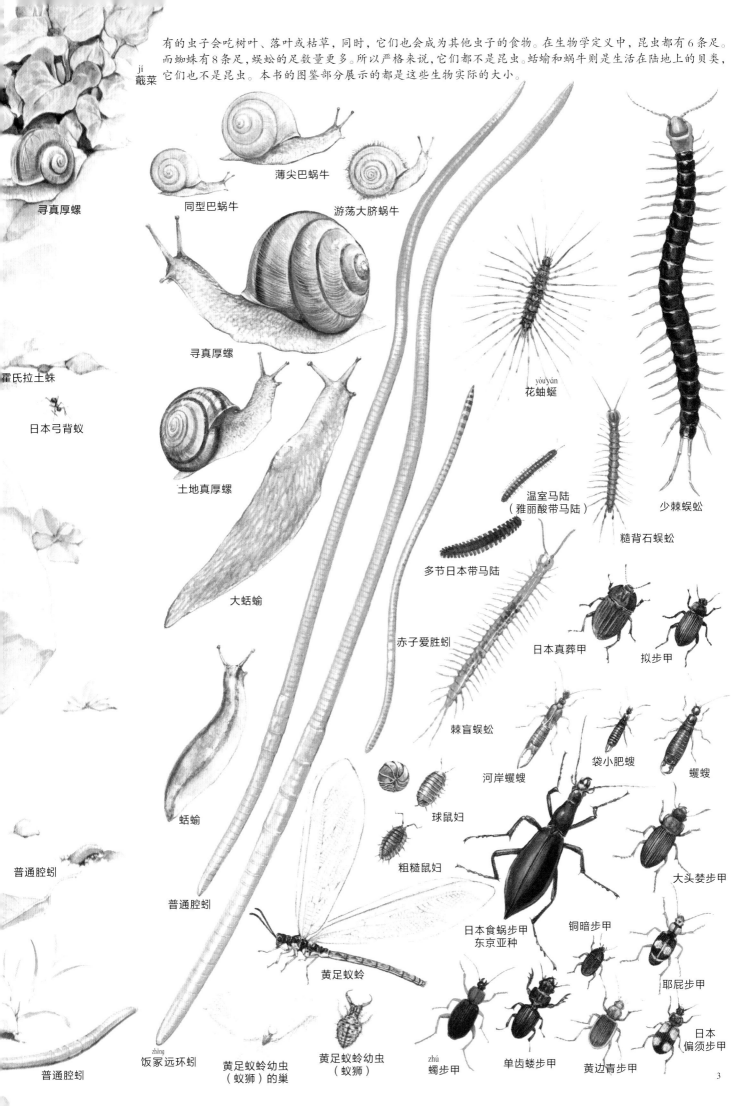

有的虫子会吃树叶、落叶或枯草，同时，它们也会成为其他虫子的食物。在生物学定义中，昆虫都有6条足。而蜘蛛有8条足，蜈蚣的足数量更多。所以严格来说，它们都不是昆虫。蛞蝓和蜗牛则是生活在陆地上的贝类，它们也不是昆虫。本书的图鉴部分展示的都是这些生物实际的大小。

ji
戟菜

寻真厚螺

薄尖巴蜗牛

同型巴蜗牛

游荡大脐蜗牛

寻真厚螺

霍氏拉土蛛

日本弓背蚁

土地真厚螺

大蛞蝓

花蚰蜒
yóuyán

少棘蜈蚣

温室马陆
（雅丽酸带马陆）

糙背石蜈蚣

多节日本带马陆

日本真葬甲

拟步甲

赤子爱胜蚓

棘盲蜈蚣

蛞蝓

河岸蠼螋

袋小肥螋

蠼螋

球鼠妇

粗糙鼠妇

大头婪步甲

普通腔蚓

日本食蜗步甲
东京亚种

铜暗步甲

普通腔蚓

黄足蚁蛉

耶屁步甲

饭冢远环蚓
zhǒng

黄足蚁蛉幼虫
（蚁狮）的巢

黄足蚁蛉幼虫
（蚁狮）

蝎步甲
zhú

单齿蝼步甲

黄边青步甲

日本
偏须步甲

普通腔蚓

美人蕉

凤仙花

大花马齿苋 xiàn

公园地上的石砖被晒得好烫啊，没有人愿意在这里玩耍。不过，蚂蚁和蜘蛛还在这儿。蚂蚁正拼命地收集着食物，蜘蛛则待在蜘蛛网上，等着猎物上钩。

菱蝗

升马唐

八瘤艾蛛

斑地锦

日本弓背蚁

白条夜蛾幼虫

车前

有些蜘蛛会织网捕猎，还有些蜘蛛不织网，直接捕猎。不同种类的蜘蛛，蜘蛛网的形状也会不同。同样的，蚂蚁也有很多种类。

升马唐

鸭跖草 zhí

日本弓背蚁

小家蚁

酢浆灰蝶 cù

酢浆草

日本弓背蚁

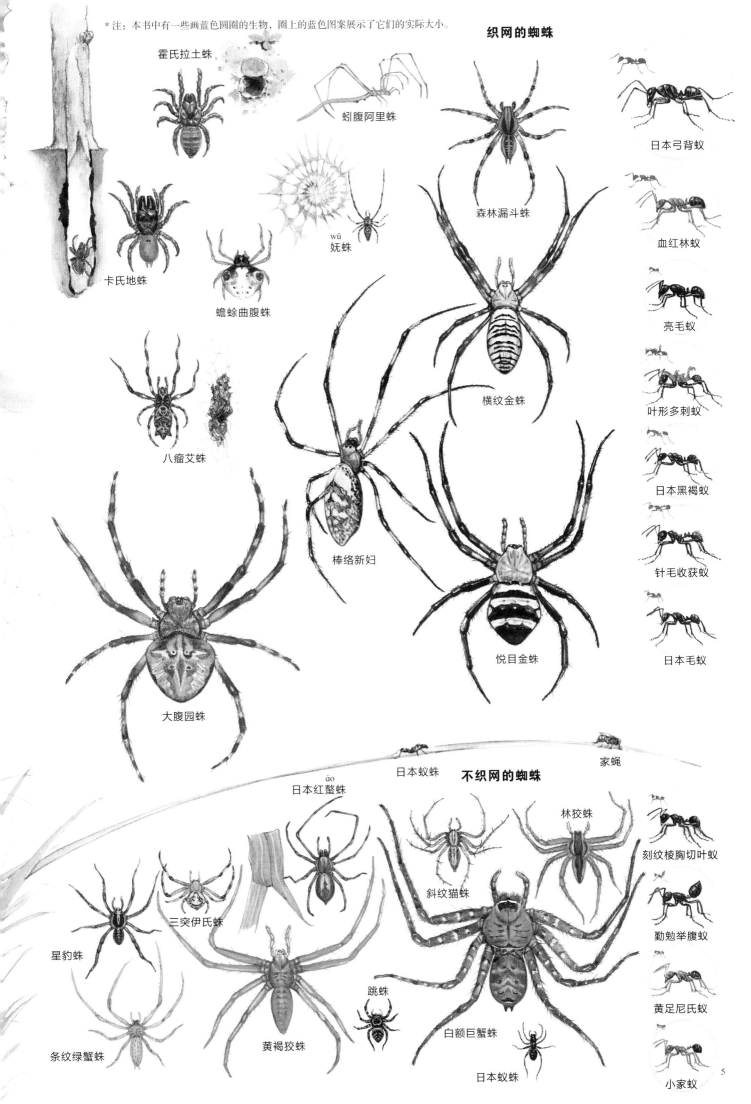

*注：本书中有一些画蓝色圆圈的生物，圈上的蓝色图案展示了它们的实际大小。

织网的蜘蛛

霍氏拉土蛛

蚓腹阿里蛛

卡氏地蛛

蟷蜍曲腹蛛

妩蛛

森林漏斗蛛

日本弓背蚁

血红林蚁

亮毛蚁

叶形多刺蚁

日本黑褐蚁

针毛收获蚁

日本毛蚁

横纹金蛛

八瘤艾蛛

棒络新妇

悦目金蛛

大腹园蛛

家蝇

日本蚁蛛

不织网的蜘蛛

日本红螯蛛

林狡蛛

刻纹棱胸切叶蚁

斜纹猫蛛

勤勉举腹蚁

三突伊氏蛛

星豹蛛

跳蛛

白额巨蟹蛛

黄足尼氏蚁

黄褐狡蛛

条纹绿蟹蛛

日本蚁蛛

小家蚁

5

栀子

咖啡透翅天蛾

卷丹

天蓝绣球

青凤蝶

日本黑褐蚁

蜜蜂

蜜蜂

隐纹谷弄蝶

金凤蝶

shǔ
蜀葵

日本弧丽金龟

螳螂

百日菊

柑橘凤蝶

凤仙花

蓝凤蝶

hui
黑长喙天蛾

全异熊蜂

蒙古白肩天蛾
幼虫

青背长喙天蛾

紫茉莉

6

蝴蝶能分辨出哪些花里面有花蜜，因为有花蜜的花通常颜色都很漂亮，还会散发出好闻的香味。雌性蝴蝶会通过气味寻找幼虫喜欢吃的植物。

蓝凤蝶幼虫

德罕翠凤蝶幼虫

青凤蝶幼虫

金凤蝶幼虫

柑橘凤蝶幼虫

黑纹粉蝶幼虫

斑缘豆粉蝶幼虫

宽边黄粉蝶幼虫

菜粉蝶幼虫

蛇眼蝶幼虫

稻眉眼蝶幼虫

拟稻眉眼蝶幼虫

布网蜘蛱蝶幼虫 jiá

东北矍眼蝶幼虫 jué

大紫蛱蝶幼虫

苔娜黛眼蝶幼虫 dài

荫眼蝶幼虫

西西里黛眼蝶幼虫

小红蛱蝶幼虫

黄钩蛱蝶幼虫

大红蛱蝶幼虫

琉璃蛱蝶幼虫

拟斑脉蛱蝶幼虫

隐线蛱蝶幼虫

链环蛱蝶幼虫

啡环蛱蝶幼虫

小环蛱蝶幼虫

杂交香鸢尾 yuān

红灰蝶幼虫

琉璃灰蝶幼虫

酢浆灰蝶幼虫

尖翅银灰蝶幼虫

蓝灰蝶幼虫

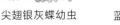
亮灰蝶幼虫

青灰蝶幼虫

蚜灰蝶幼虫

直纹稻弄蝶幼虫

黑弄蝶幼虫

隐纹谷弄蝶幼虫

姬黄斑黛眼蝶幼虫

黄褐狡蛛

这里展示的是蝴蝶的幼虫。不同种类的蝴蝶幼虫吃的植物也各不相同。每种幼虫只能吃固定的某些植物，吃其他的植物无法生存下去。

宽边黄粉蝶

一年蓬

中华剑角蝗

菜粉蝶

红足蜾蠃的巢

guǒluǒ
红足蜾蠃

长额负蝗

红灰蝶

kuìhāo
魁蒿

小翅稻蝗

东亚飞蝗

芒

森林漏斗蛛

斑缘豆粉蝶

云斑车蝗

chūn
黑须稻绿蝽

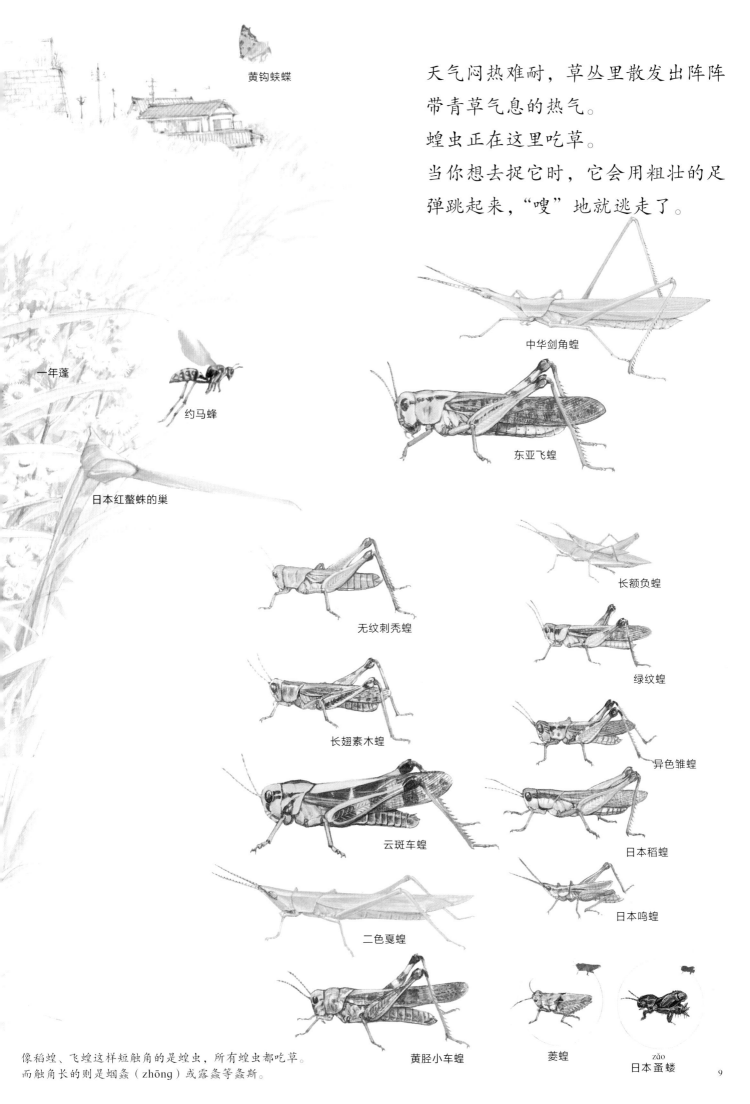

黄钩蛱蝶

天气闷热难耐，草丛里散发出阵阵带青草气息的热气。

蝗虫正在这里吃草。

当你想去捉它时，它会用粗壮的足弹跳起来，"嗖"地就逃走了。

一年蓬

约马蜂

日本红螯蛛的巢

中华剑角蝗

东亚飞蝗

无纹刺秃蝗

长额负蝗

长翅素木蝗

绿纹蝗

异色雏蝗

云斑车蝗

日本稻蝗

日本鸣蝗

二色戛蝗

黄胫小车蝗

菱蝗

日本蚤蝼 zǎo

像稻蝗、飞蝗这样短触角的是蝗虫，所有蝗虫都吃草。而触角长的则是蝈蝈（zhōng）或露螽等螽斯。

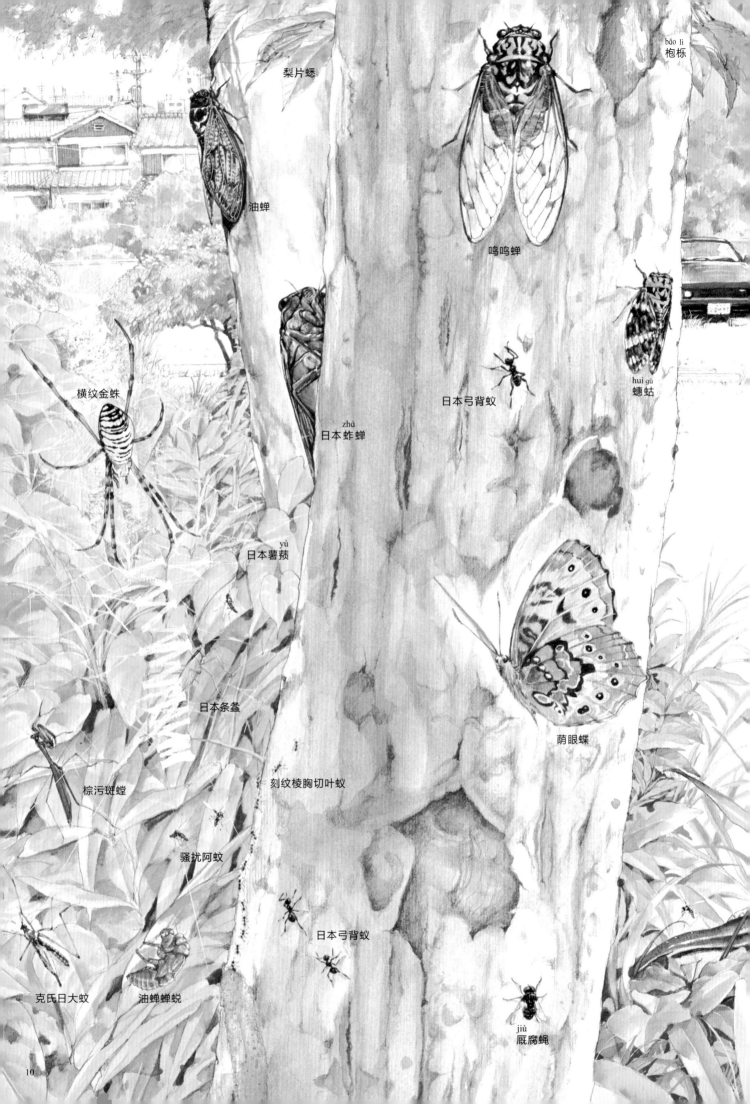

梨片蟋

油蝉

鸣鸣蝉

横纹金蛛

zhà
日本蚱蝉

日本弓背蚁

huì gū
蟪蛄

日本薯蓣
yù

萌眼蝶

日本条蚤

刻纹棱胸切叶蚁

棕污斑螳

骚扰阿蚁

日本弓背蚁

克氏日大蚊   油蝉蝉蜕

jiù
厩腐蝇

10

蝉在小时候会在土里生活数年，吸食树根的汁液。而成虫只能活两周左右，然后便会死去。
油蝉的叫声：唧哩唧哩　　日本蚱蝉的叫声：吱呀——吱呀——
蟪蛄的叫声：唧——　　松寒蝉的叫声：啾——呲咕呲咕
鸣鸣蝉的叫声：咪——咪咪咪——

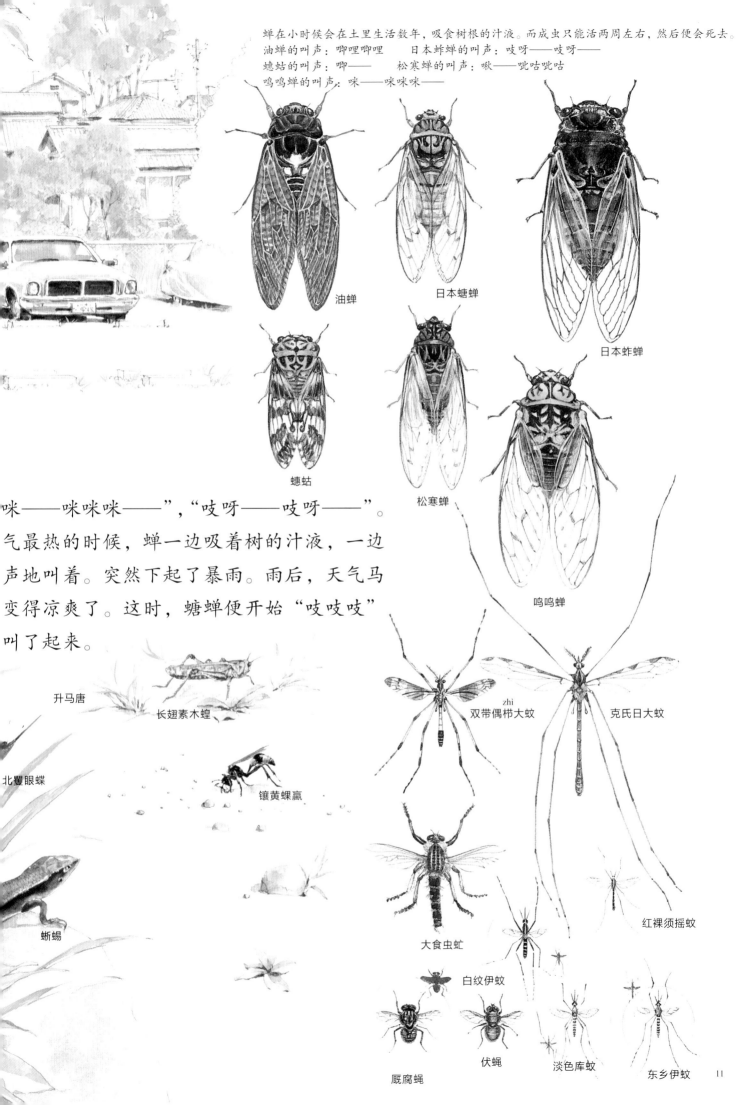

油蝉

日本蟪蝉

日本蚱蝉

蟪蛄

松寒蝉

鸣鸣蝉

咪——咪咪咪——”，“吱呀——吱呀——”。
气最热的时候，蝉一边吸着树的汁液，一边
声地叫着。突然下起了暴雨。雨后，天气马
变得凉爽了。这时，蟪蝉便开始"吱吱吱"
叫了起来。

升马唐

长翅素木蝗

北曡眼蝶

镶黄蜾蠃

蜥蜴

zhi
双带偶柄大蚊

克氏日大蚊

大食虫虻

红裸须摇蚊

白纹伊蚊

厩腐蝇

伏蝇

淡色库蚊

东乡伊蚊

11

日本红螯蛛的巢

日本红螯蛛

翅果菊

蛇眼蝶

悦目金蛛

野扁豆

鸡矢藤

小红蛱蝶

斜纹猫蛛

长肩棘缘蝽

二星蝽

华丽漏斗蛛

狗尾草

魁蒿

虎杖

日本弧丽金龟

柔毛打碗花

长尾管蚜蝇

柑橘凤蝶

全异熊蜂

渡濑地蜂

鸭跖草

小青花金龟

蜜蜂

全异熊蜂

红光熊蜂

芒

路边长满了野草，草丛间开着许多小花。
蝴蝶也被吸引过来。
它们翩翩飞舞，或用力或轻轻地扇动着翅膀。
每种蝴蝶飞舞的样子都不一样。
而蜜蜂们正使劲地把脑袋扎进柔毛打碗花的花朵里。

鹅观草

东北矍眼蝶

黄钩蛱蝶

黑弄蝶

小红蛱蝶

隐纹谷弄蝶

亮灰蝶　（翅膀反面，下同）

红灰蝶

斑缘豆粉蝶

菜粉蝶

蓝灰蝶

酢浆灰蝶

宽边黄粉蝶

黑纹粉蝶

在草原或田地这些明亮开阔的地方，人们经常能见到蝴蝶。生活在这里的蝴蝶大多吸食花蜜。

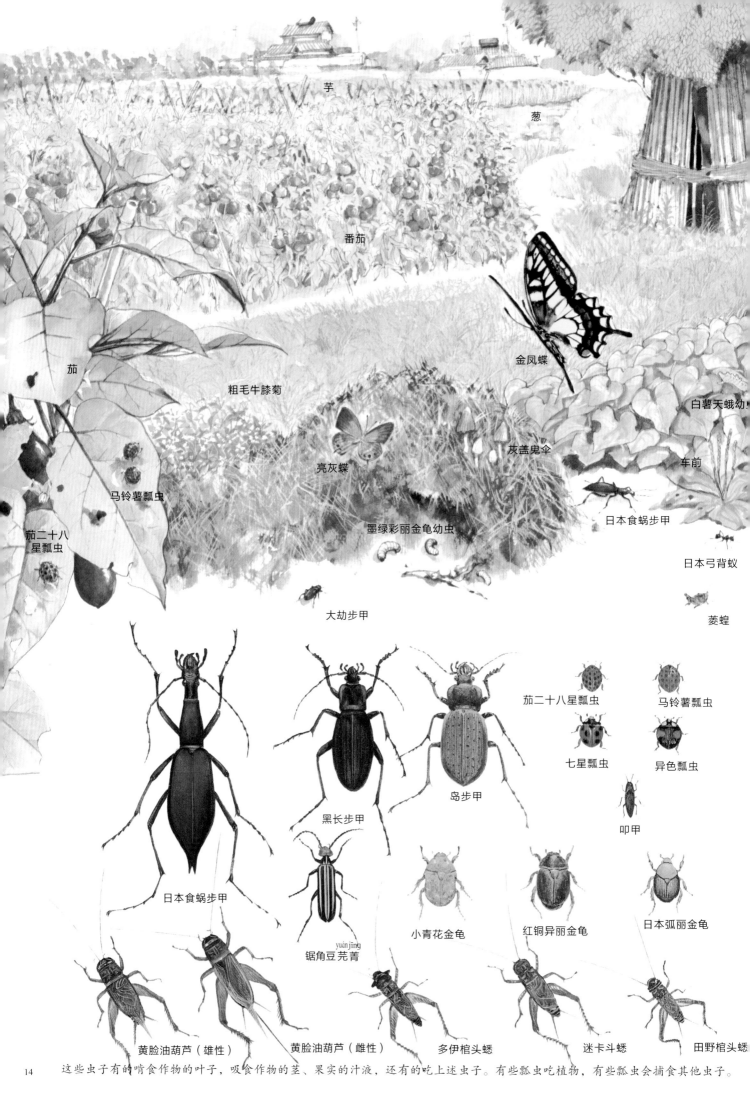

芋

葱

番茄

茄

金凤蝶

白薯天蛾幼虫

粗毛牛膝菊

灰盖鬼伞

车前

马铃薯瓢虫

亮灰蝶

日本食蜗步甲

茄二十八星瓢虫

墨绿彩丽金龟幼虫

日本弓背蚁

大劫步甲

菱蝗

茄二十八星瓢虫

马铃薯瓢虫

七星瓢虫

异色瓢虫

叩甲

黑长步甲

岛步甲

日本食蜗步甲

锯角豆芫菁

yuán jīng

小青花金龟

红铜异丽金龟

日本弧丽金龟

黄脸油葫芦（雄性）

黄脸油葫芦（雌性）

多伊棺头蟋

迷卡斗蟋

田野棺头蟋

14　这些虫子有的啃食作物的叶子，吸食作物的茎、果实的汁液，还有的吃上述虫子。有些瓢虫吃植物，有些瓢虫会捕食其他虫子。

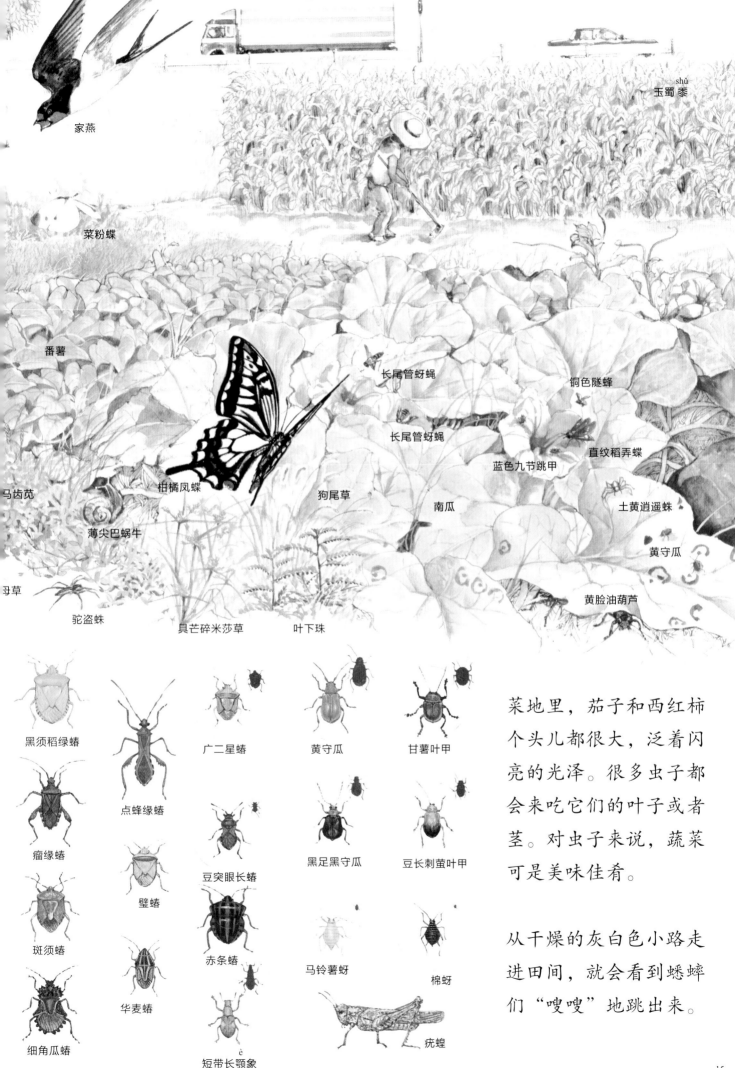

家燕

玉蜀黍 (shǔ)

菜粉蝶

番薯

长尾管蚜蝇

铜色隧蜂

长尾管蚜蝇

直纹稻弄蝶

蓝色九节跳甲

马齿苋

柑橘凤蝶

狗尾草

南瓜

土黄逍遥蛛

薄尖巴蜗牛

黄守瓜

黄脸油葫芦

丮草

驼盗蛛

具芒碎米莎草

叶下珠

黑须稻绿蝽

广二星蝽

黄守瓜

甘薯叶甲

点蜂缘蝽

瘤缘蝽

黑足黑守瓜

豆长刺萤叶甲

豆突眼长蝽

壁蝽

斑须蝽

赤条蝽

马铃薯蚜

棉蚜

华麦蝽

细角瓜蝽

短带长颚象

疣蝗

菜地里，茄子和西红柿个头儿都很大，泛着闪亮的光泽。很多虫子都会来吃它们的叶子或者茎。对虫子来说，蔬菜可是美味佳肴。

从干燥的灰白色小路走进田间，就会看到蟋蟀们"嗖嗖"地跳出来。

芒

多须公

野原蓟 jì

日本红螯蛛

隐纹谷弄蝶

小红蛱蝶

两型豆

长叶蓬子菜

蜜蜂

谷蟋

魁蒿

螳螂

沙参

一年蓬

梅氏毛蟹蛛

龙胆

日本弧丽金龟

中日老鹳草 guàn

丰满新园蛛

野菰 gū

蓝灰蝶

全异熊蜂

大红蛱蝶

再小的花，蝴蝶和食蚜蝇
都不会放过它们。
螳螂一动不动，它正
在伏击猎物。

16

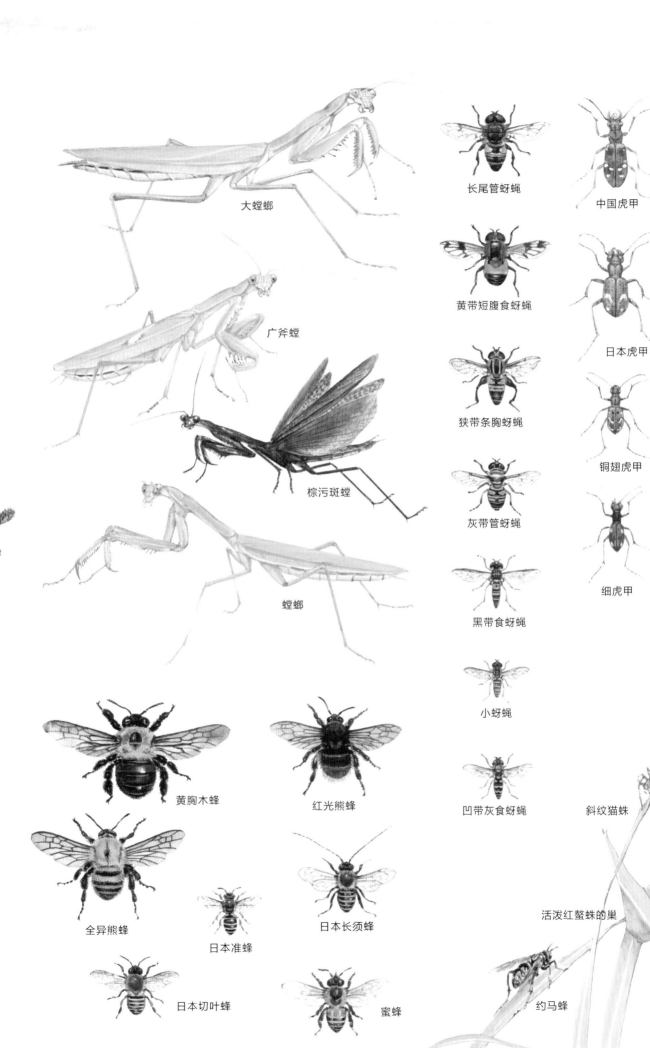

大螳螂

广斧螳

棕污斑螳

螳螂

长尾管蚜蝇

黄带短腹食蚜蝇

狭带条胸蚜蝇

灰带管蚜蝇

黑带食蚜蝇

小蚜蝇

凹带灰食蚜蝇

中国虎甲

日本虎甲

铜翅虎甲

细虎甲

斜纹猫蛛

黄胸木蜂

红光熊蜂

全异熊蜂

日本准蜂

日本长须蜂

日本切叶蜂

蜜蜂

活泼红螯蛛的巢

约马蜂

蝴蝶和食蚜蝇吃花蜜和花粉，木蜂和熊蜂也一样。
螳螂捕猎时，速度非常快，快到人们用肉眼根本看不清它的动作。

白腰雨燕

杞柳 (qǐ)

宽叶香蒲

斑嘴鸭

家燕

宽叶香蒲

大团扇春蜓

（雌性）

白尾灰蜻（雄性）

星宿菜 (xiù)

约马蜂

水莎草 (suō)

灯芯草

鳢肠 (lǐ)

地笋

水芹

戟叶蓼 (jǐ liǎo)

日本豉甲

灌木新园蛛

雨久花

圆臀大鼋蝽 (min)

水芹

东亚异痣螅 (cōng)

赤条狡蛛

芦

日本豉甲

蜻蜓会捕食小虫子，它们特别喜欢在水边生活。

黄褐狡蛛

青鳉 (jiāng)

18

蜻蜓的幼虫叫水虿（chài），生活在水里。无论成虫还是幼虫，蜻蜓都是肉食性的。
日本是一个蜻蜓种类特别丰富的国家。

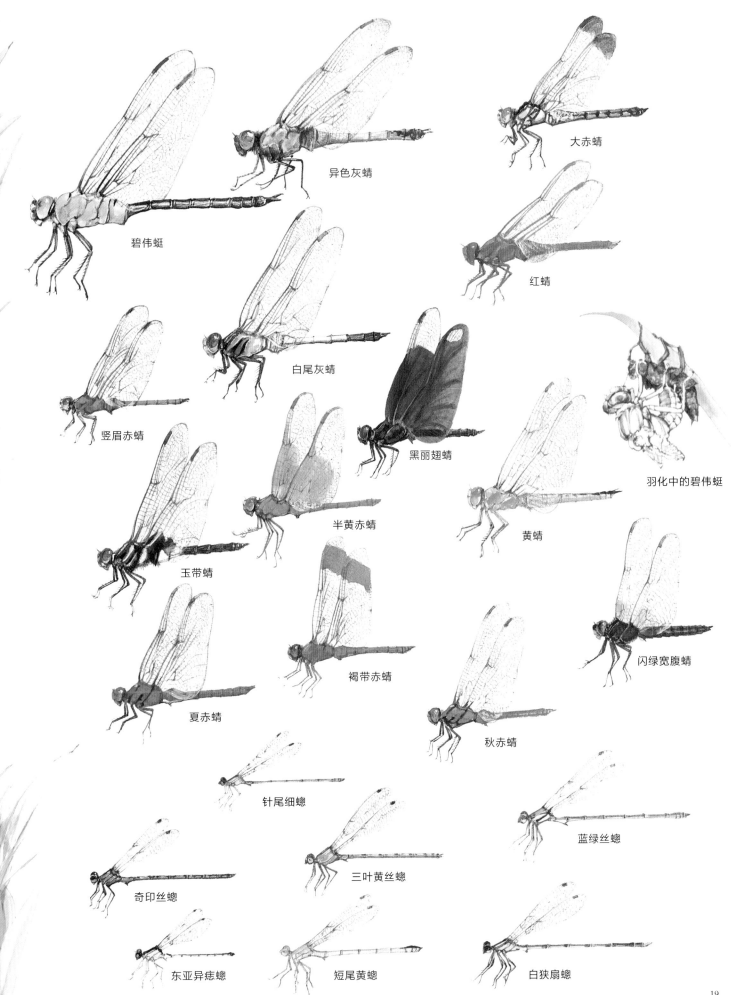

异色灰蜻

大赤蜻

碧伟蜓

红蜻

白尾灰蜻

竖眉赤蜻

黑丽翅蜻

羽化中的碧伟蜓

半黄赤蜻

黄蜻

玉带蜻

闪绿宽腹蜻

夏赤蜻

褐带赤蜻

秋赤蜻

针尾细蟌

蓝绿丝蟌

奇印丝蟌

三叶黄丝蟌

东亚异痣蟌

短尾黄蟌

白狭扇蟌

芦苇

黑色螅

荇菜
xing

前齿肖蛸
xiāo

白尾灰蜻（雌性）

（雄性）

日本豉甲

紫萍

宽叶香蒲

黑斑侧褶蛙

金银莲花

凤眼蓝

眼子菜

赤条狡蛛

圆臀大黾蝽

中华螳蝎蝽

黄边大龙虱
shī

大田鳖

黄边大龙虱

白尾灰蜻稚虫

克氏原螯虾

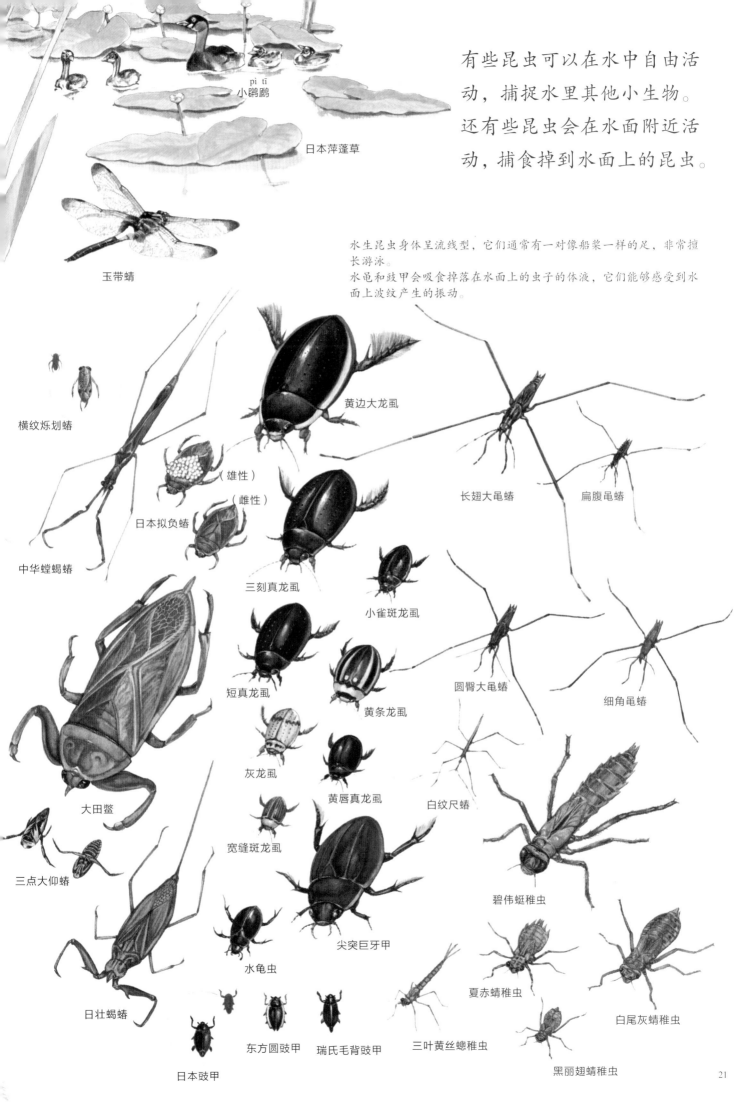

小鸊鷉
pì tī

日本萍蓬草

有些昆虫可以在水中自由活动，捕捉水里其他小生物。还有些昆虫会在水面附近活动，捕食掉到水面上的昆虫。

玉带蜻

水生昆虫身体呈流线型，它们通常有一对像船桨一样的足，非常擅长游泳。
水黾和豉甲会吸食掉落在水面上的虫子的体液，它们能够感受到水面上波纹产生的振动。

横纹烁划蝽

黄边大龙虱

长翅大黾蝽

扁腹黾蝽

日本拟负蝽
（雄性）
（雌性）

中华螳蝎蝽

三刻真龙虱

小雀斑龙虱

圆臀大黾蝽

细角黾蝽

大田鳖

短真龙虱

黄条龙虱

灰龙虱

黄唇真龙虱

白纹尺蝽

碧伟蜓稚虫

三点大仰蝽

宽缝斑龙虱

尖突巨牙甲

夏赤蜻稚虫

水龟虫

白尾灰蜻稚虫

日壮蝎蝽

东方圆豉甲

瑞氏毛背豉甲

三叶黄丝蟌稚虫

日本豉甲

黑丽翅蜻稚虫

21

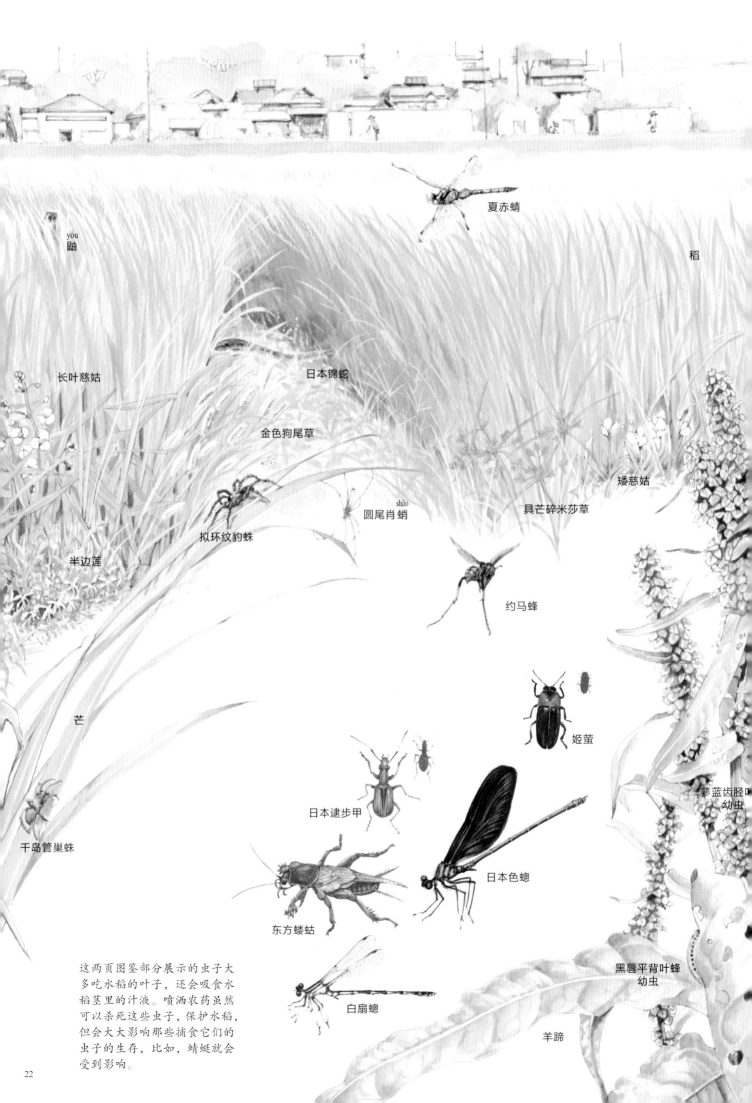

夏赤蜻

稻

yòu
鼬

长叶慈姑

日本锦蛇

金色狗尾草

矮慈姑

shāo
圆尾肖蛸

具芒碎米莎草

拟环纹豹蛛

半边莲

约马蜂

姬萤

芒

蓼蓝齿胫
幼虫

日本逮步甲

千岛管巢蛛

日本色螅

东方蝼蛄

黑唇平背叶蜂
幼虫

这两页图鉴部分展示的虫子大
多吃水稻的叶子，还会吸食水
稻茎里的汁液。喷洒农药虽然
可以杀死这些虫子，保护水稻，
但会大大影响那些捕食它们的
虫子的生存，比如，蜻蜓就会
受到影响。

白扇螅

羊蹄

黑丽翅蜻

巨圆臀大蜓

假柳叶菜

水蓼

鸭跖草

升马唐

异花莎草

通泉草

红灰蝶

春天结束时，田里的水稻已经长得很高了。

许多虫子聚集到这里，有的吃水稻叶，有的吸食水稻茎里的汁液。

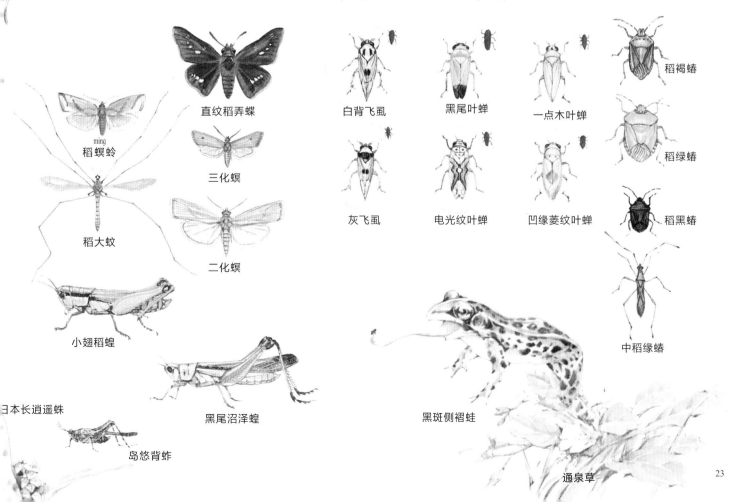

直纹稻弄蝶

白背飞虱

黑尾叶蝉

一点木叶蝉

稻褐蝽

稻螟蛉 ming

三化螟

灰飞虱

电光纹叶蝉

凹缘菱纹叶蝉

稻绿蝽

稻大蚊

二化螟

稻黑蝽

小翅稻蝗

中稻缘蝽

日本长逍遥蛛

黑尾沼泽蝗

黑斑侧褶蛙

岛悠背蚱

通泉草

23

蝈蝈"吱拉吱拉"地嚷着，伊螽也"唧哩唧哩"地小声叫着。到了晚上，纺织娘和云斑金蟋开始鸣叫，河堤周围变得更热闹了。

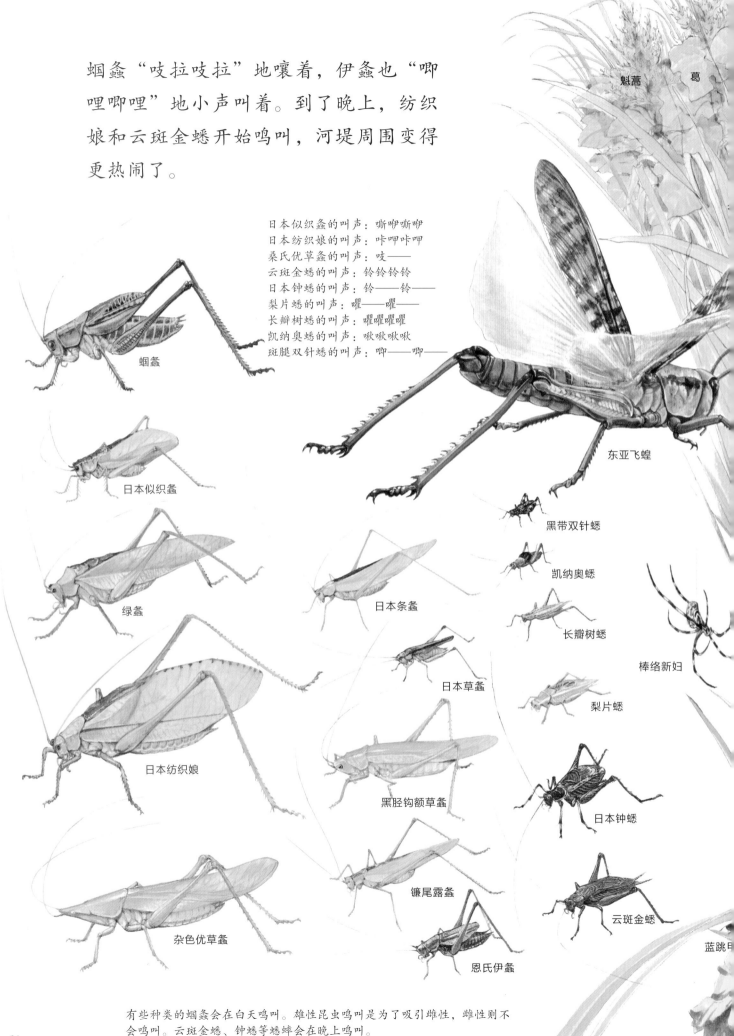

魁蒿　　葛

日本似织螽的叫声：嘶咿嘶咿
日本纺织娘的叫声：咔呷咔呷
桑氏优草螽的叫声：吱——
云斑金蟋的叫声：铃铃铃铃
日本钟蟋的叫声：铃——铃——
梨片蟋的叫声：曜——曜——
长瓣树蟋的叫声：曜曜曜曜
凯纳奥蟋的叫声：啾啾啾啾
斑腿双针蟋的叫声：唧——唧——

蝈蝈

日本似织螽

绿螽

日本条螽

日本草螽

日本纺织娘

黑胫钩额草螽

镰尾露螽

恩氏伊螽

杂色优草螽

东亚飞蝗

黑带双针蟋

凯纳奥蟋

长瓣树蟋

棒络新妇

梨片蟋

日本钟蟋

云斑金蟋

蓝跳甲

有些种类的蝈蝈会在白天鸣叫。雄性昆虫鸣叫是为了吸引雌性，雌性则不会鸣叫。云斑金蟋、钟蟋等蟋蟀会在晚上鸣叫。

截叶铁扫帚

艾氏施春蜓

白鹭 lù

虎杖

芒

一年蓬

雀斜纹
天蛾幼虫

棕管巢蛛的巢

小翅稻蝗

多花黑麦草

长尾管蚜蝇

棕管巢蛛

长萼瞿麦 qú

中华马蜂

隐纹谷弄蝶

长尾管蚜蝇

重瓣萱草

蝈螽

日本弧丽金龟

葛

蛛蜂在捕捉蜘蛛

撒马利亚蛛蜂

角红蟹蛛

蜜蜂

黄褐狡蛛

黄花月见草

25

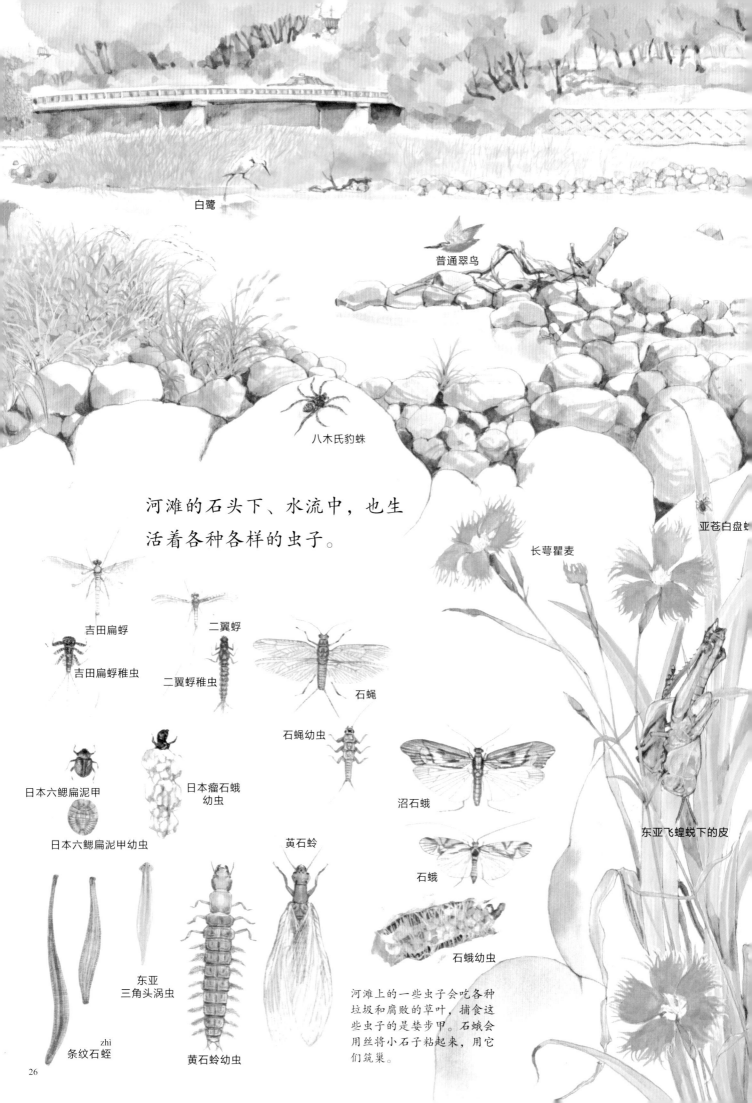

白鹭

普通翠鸟

八木氏豹蛛

亚苍白盘蛛

河滩的石头下、水流中，也生活着各种各样的虫子。

长萼瞿麦

吉田扁蜉

吉田扁蜉稚虫

二翼蜉

二翼蜉稚虫

石蝇

石蝇幼虫

日本六鳃扁泥甲

日本瘤石蛾幼虫

沼石蛾

日本六鳃扁泥甲幼虫

黄石蛉

石蛾

东亚飞蝗蜕下的皮

石蛾幼虫

东亚三角头涡虫

河滩上的一些虫子会吃各种垃圾和腐败的草叶，捕食这些虫子的是婪步甲。石蛾会用丝将小石子粘起来，用它们筑巢。

条纹石蛭
zhi

黄石蛉幼虫

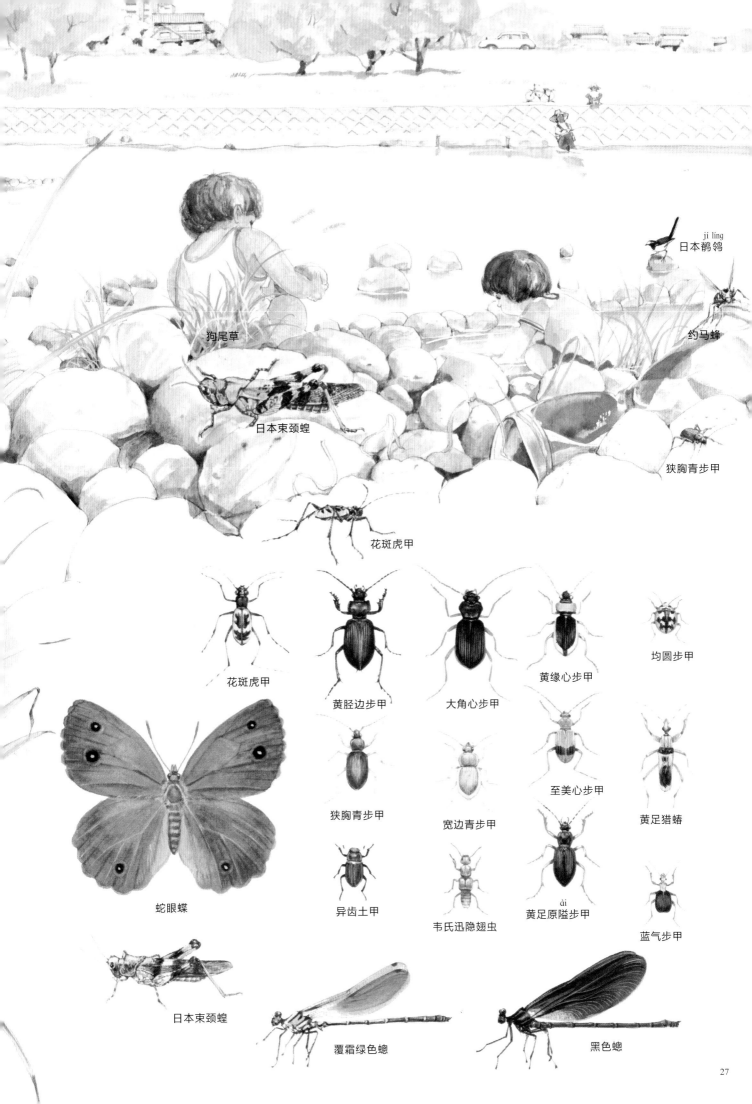

日本鹡鸰 *jí líng*

狗尾草

约马蜂

日本束颈蝗

狭胸青步甲

花斑虎甲

花斑虎甲

黄胫边步甲

大角心步甲

黄缘心步甲

均圆步甲

蛇眼蝶

狭胸青步甲

宽边青步甲

至美心步甲

黄足猎蝽

异齿土甲

韦氏迅隐翅虫

黄足原隘步甲 *ài*

蓝气步甲

日本束颈蝗

覆霜绿色蟌

黑色蟌

短带长颚象

女萎

博落回

小赤麻

黑弄蝶

悦目金蛛

蜜蜂

红铜异丽金龟

日本准蜂

广布野豌豆

琴柱草

葛

日本薄荷

鼠尾草

洒满阳光的林边，蝴蝶在无忧无虑地飞舞。
其实，它们是在全力以赴地寻找花蜜和交配
对象，还有合适的植物，以便在上面产卵。

蚜灰蝶

青灰蝶

拟斑脉蛱蝶

隐线蛱蝶

尖翅银灰蝶

布网蜘蛱蝶

大红蛱蝶

琉璃灰蝶

大紫蛱蝶

琉璃蛱蝶

野扁豆

东北矍眼蝶

益母草

棕污斑螳

菝葜
bá qiā

芒

宽边黄粉蝶

两型豆

小连翘

香薷
rú

山形隙蛛

小窃衣

牛膝

蜜蜂

银毛泥蜂

镰尾露螽

啡环蛱蝶

荫眼蝶

姬黄斑黛眼蝶

小环蛱蝶

苔娜黛眼蝶

稻眉眼蝶

链环蛱蝶

西西里黛眼蝶

拟稻眉眼蝶

这些是生活在明亮的林边的蝴蝶。蛱蝶和眼蝶喜欢吸食树的汁液。

约马蜂

日本薯蓣

马蜂捕食
粉蝶幼虫

黑纹粉蝶幼虫

蓝凤蝶

乌蔹莓

天香百合

王瓜

青新园蛛

bì xiè
山萆薢

羊乳

红足蜾蠃

蕈眼蝶

白英

异叶蛇葡萄

森林漏斗蛛

菝葜

野线麻

垂序商陆

蚜灰蝶

小杜鹃

无纹刺秃蝗

变豆菜

阳光照耀不到的林边，蜂类会
在隐蔽处筑巢，它们还会去捕
捉青虫或蜘蛛等猎物。

尖叶长柄山蚂蝗

小花风轮菜

右页展示了肉食性的蜂类。蛛蜂过着独居生活，它们会用毒
针将蜘蛛或青虫麻醉，作为幼虫的食物。胡蜂和马蜂则会搭
建大型的巢穴，过着集体生活。

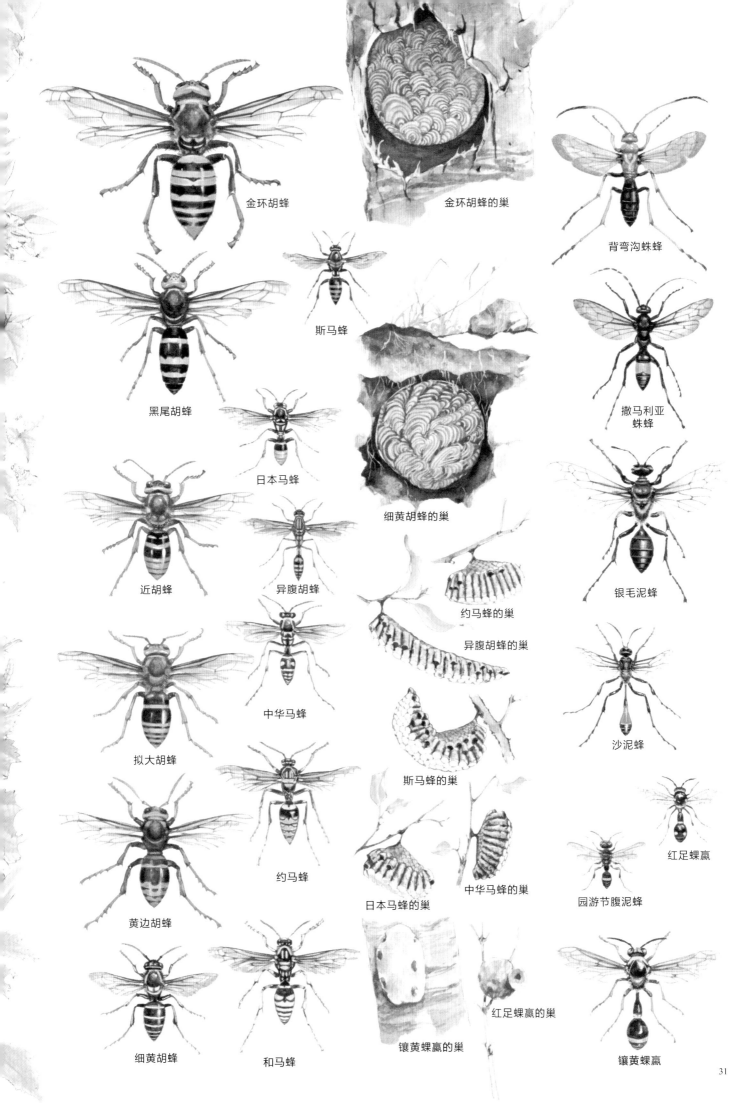

金环胡蜂

金环胡蜂的巢

背弯沟蛛蜂

斯马蜂

撒马利亚蛛蜂

黑尾胡蜂

日本马蜂

细黄胡蜂的巢

近胡蜂

异腹胡蜂

约马蜂的巢

异腹胡蜂的巢

银毛泥蜂

中华马蜂

拟大胡蜂

斯马蜂的巢

沙泥蜂

约马蜂

日本马蜂的巢

中华马蜂的巢

红足蜾蠃

园游节腹泥蜂

黄边胡蜂

细黄胡蜂

和马蜂

镶黄蜾蠃的巢

红足蜾蠃的巢

镶黄蜾蠃

麻栎

王瓜

黑足黑守瓜

日本薯蓣

琉璃蛱蝶

云芝

前恩蕈甲 xūn

日本沟蕈甲

蚰蜒

奇裂跗步甲 fū

显眼枝疣蛛

大紫蛱蝶

金环胡蜂

光亮罗花金龟

绿罗花金龟

黄钩蛱蝶

四斑露

银背艾蛛

圆叶玉簪

林狡蛛

横纹金蛛

杂木林中也藏着很多虫子。各种
虫子被麻栎树汁的味道吸引过来，
聚集到一起。

这些是主要在白天活动的甲虫。桃金吉丁和日本松脊吉丁是不同种类，并非同一种甲虫的雌雄个体。
从前，某些地区的人们相信，如果把桃金吉丁放到衣柜里，衣服就会变多。

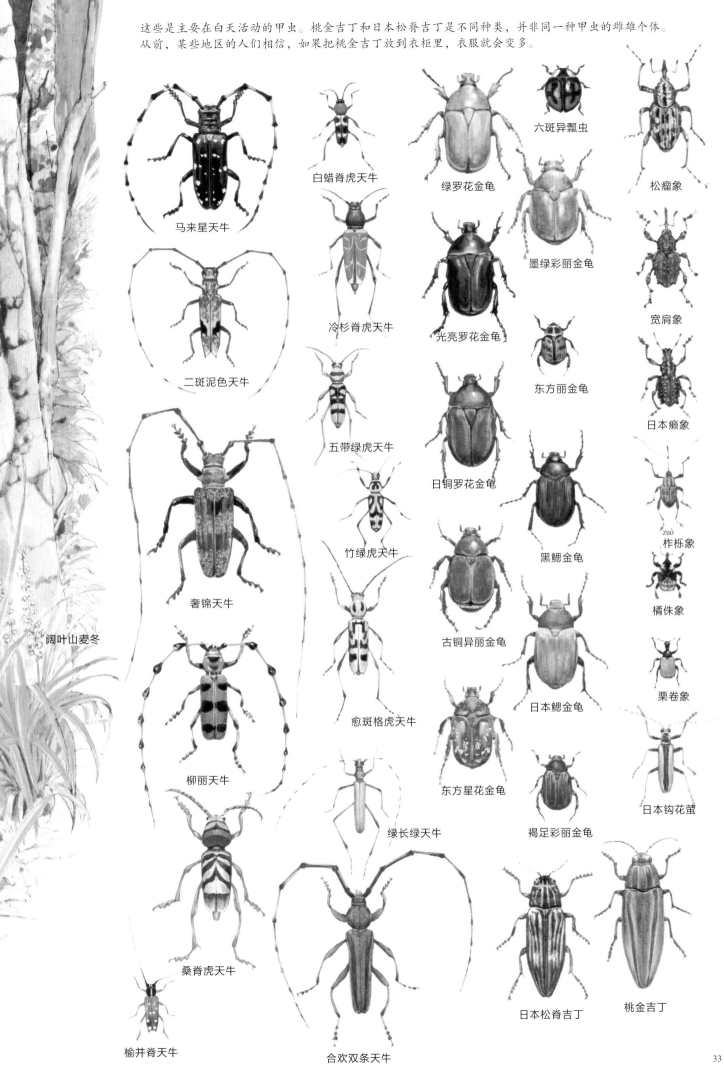

马来星天牛

白蜡脊虎天牛

绿罗花金龟

六斑异瓢虫

松瘤象

二斑泥色天牛

冷杉脊虎天牛

墨绿彩丽金龟

宽肩象

光亮罗花金龟

东方丽金龟

五带绿虎天牛

日本癞象

奢锦天牛

竹绿虎天牛

日铜罗花金龟

黑鳃金龟

zuò
柞栎象

柳丽天牛

愈斑格虎天牛

古铜异丽金龟

橘侏象

阔叶山麦冬

日本鳃金龟

栗卷象

桑脊虎天牛

绿长绿天牛

东方星花金龟

褐足彩丽金龟

日本钩花萤

榆并脊天牛

合欢双条天牛

日本松脊吉丁

桃金吉丁

白薯天蛾

芋双线天蛾

王瓜

栗肿角天牛

独角仙
（双叉犀金龟）
（雄性）

树蛙

短尾天蚕蛾

独角仙
（双叉犀金龟）
（雌性）

美洲大蠊

单齿刀锹（雌性）

单齿刀锹（雄性）

绿螽

突灶螽

薄尖巴蜗牛

日本食蜗
步甲幼虫

夜幕下的杂木林漆黑一片，流着树汁
的麻栎周围却比白天更热闹。巨大的
甲虫伸出长长的触角，向这里飞来。

这些是主要在夜间活动的昆虫。蟑螂（蜚蠊）原本也是生活在野外的昆虫。

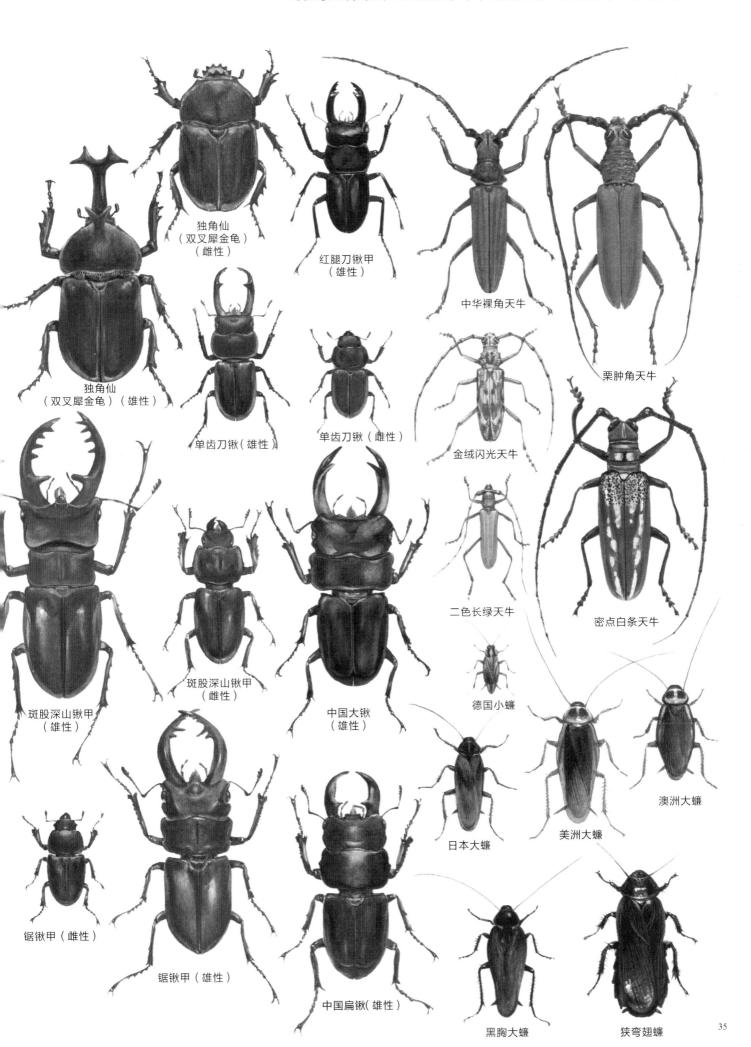

独角仙
（双叉犀金龟）
（雌性）

独角仙
（双叉犀金龟）（雄性）

红腿刀锹甲
（雄性）

单齿刀锹（雄性）

单齿刀锹（雌性）

中华裸角天牛

栗肿角天牛

金绒闪光天牛

二色长绿天牛

密点白条天牛

斑股深山锹甲
（雌性）

斑股深山锹甲
（雄性）

中国大锹
（雄性）

德国小蠊

锯锹甲（雌性）

锯锹甲（雄性）

中国扁锹（雄性）

日本大蠊

美洲大蠊

澳洲大蠊

黑胸大蠊

狭弯翅蠊

麦茎白秀夜蛾

纹光裳夜蛾

折带黄毒蛾

桑尺蛾

白雪灯蛾

红缘灯蛾

折带黄毒蛾

日本线钩蛾

桃蛀螟

枝尺蛾

熏夜蛾

枯艳叶夜蛾

这么多色彩各异的蛾子，白天都藏到哪里去了呢？夜晚，它们扑腾着翅膀，不停地在灯光周围飞舞。

褐边绿刺蛾

朝阳升起，它们便到暗处静静地休息。又一个炎热的夏日开始了。

阿纹枯叶蛾

苎 麻夜蛾
zhù

美国白蛾

浑黄灯蛾

大黄痣苔蛾

黑缘犁角野螟

短尾天蚕蛾

桃蛀螟

黑长喙天蛾

大窗钩蛾

苹掌舟蛾

雀斜纹天蛾

折带黄毒蛾

鸱裳夜蛾
chī

大叶黄杨尺蠖
huò

黄刺蛾

蛾子大多在夜晚活动，但也有一些会在白天活动。与蝴蝶相比，蛾子的种类更丰富。

索　引

关键词（图鉴部分）

环境

作者简介

著者　奥本大三郎

1944年出生于日本大阪。昆虫收藏家。从小学开始采集昆虫，数次踏足东南亚等地进行采集活动。1982年，作品《昆虫的宇宙志》获得第33届读卖文学奖。主要著作有《百虫谱》《枕边的书》《昆虫的春秋》及《珍虫与奇虫》等。本书为作者的第一本绘本作品。

绘者　高桥清

1929年出生于日本京都。曾是日本美术家联盟会员、日本理科美术协会会员。在生物学方面造诣颇深，已出版多本生物主题儿童绘本作品，如《路边的四季》《斜视庭院里的那些虫子》《科学之友》等，另有作品《法布尔昆虫记》《西顿动物记》等，同时他还为杂志、书籍绘制插画。

图书在版编目（CIP）数据

夏之虫，夏之花 / (日) 奥本大三郎著 ; (日) 高桥清绘 ; 张小蜂译. -- 福州 : 海峡书局，2022.2
ISBN 978-7-5567-0901-4

Ⅰ.①夏… Ⅱ.①奥…②高…③张… Ⅲ.①生物 – 儿童读物 Ⅳ.①Q-49

中国版本图书馆CIP数据核字(2022)第010569号

INSECTS AND FLOWERS OF SUMMER
by Daizaburo Okumoto Illustrated by Kiyoshi Takahashi
Text © Daizaburo Okumoto 1986
Illustrations © Kiyoshi Takahashi 1986
Originally published by Fukuinkan Shoten Publishers, Inc., Tokyo, Japan,
under the title of NATSUNOMUSHI NATSUNOHANA The Simplified Chinese language
rights arranged with Fukuinkan Shoten Publishers, Inc., Tokyo through Bardon-Chinese
Media Agency
All rights reserved

本书中文简体版权归属于银杏树下（北京）图书有限责任公司

著作权合同登记号　图字：13—2021—109号

出 版 人：林　彬
选题策划：北京浪花朵朵文化传播有限公司　　　　出版统筹：吴兴元
编辑统筹：冉华蓉　　　　　　　　　　　　　　　责任编辑：李长青　张　莹
特约编辑：胡晟男　　　　　　　　　　　　　　　营销推广：ONEBOOK
装帧制造：墨白空间·唐志永

夏之虫，夏之花
XIA ZHI CHONG XIA ZHI HUA

著　者：[日] 奥本大三郎
绘　者：[日] 高桥清　　　　　　　　　　　　　　译　者：张小蜂
出版发行：海峡书局　　　　　　　　　　　　　　地　址：福州市白马中路15号海峡出版发行集团2楼
邮　编：350001
印　刷：天津图文方嘉印刷有限公司　　　　　　　开　本：889mm×1250mm 1/16
印　张：2.5　　　　　　　　　　　　　　　　　字　数：26千字
版　次：2022年2月第1版　　　　　　　　　　　印　次：2022年2月第1次
书　号：ISBN 978-7-5567-0901-4　　　　　　　定　价：56.00元

读者服务：reader@hinabook.com 188-1142-1266　　投稿服务：onebook@hinabook.com 133-6631-2326
直销服务：buy@hinabook.com 133-6657-3072　　　官方微博：@浪花朵朵童书